Jaime Rolando Hidalgo Carrasco
Mario Josue Moreno Marcillo

Manual de Instalaciones Sanitarias

Jaime Rolando Hidalgo Carrasco
Mario Josue Moreno Marcillo

Manual de Instalaciones Sanitarias

Introducción, diseño de redes, consumo y sistemas de suministro de agua potable

Editorial Académica Española

Imprint
Any brand names and product names mentioned in this book are subject to trademark, brand or patent protection and are trademarks or registered trademarks of their respective holders. The use of brand names, product names, common names, trade names, product descriptions etc. even without a particular marking in this work is in no way to be construed to mean that such names may be regarded as unrestricted in respect of trademark and brand protection legislation and could thus be used by anyone.

Cover image: www.ingimage.com

Publisher:
Editorial Académica Española
is a trademark of
Dodo Books Indian Ocean Ltd. and OmniScriptum S.R.L publishing group

120 High Road, East Finchley, London, N2 9ED, United Kingdom
Str. Armeneasca 28/1, office 1, Chisinau MD-2012, Republic of Moldova, Europe
Printed at: see last page
ISBN: 978-613-9-40427-8

Copyright © Jaime Rolando Hidalgo Carrasco, Mario Josue Moreno Marcillo
Copyright © 2024 Dodo Books Indian Ocean Ltd. and OmniScriptum S.R.L publishing group

INSTALACIONES SANITARIAS

Introducción, diseño de redes, consumo y sistemas de suministro de agua potable

INSTITUTO TECNOLOGICO SUPERIOR BABAHOYO

ING. CIVIL JAIME R. HIDALGO CARRASCO

TEC. MARIO JOSUÉ MORENO MARCILLO

AGRADECIMIENTO

Agradezco a Dios por darme vida y poder aportar con esta guía de Instalaciones Sanitarias.

Agradezco a mi hija Joyce por ser mi motivación fundamental en mi vida.

Agradezco a mi hermano Javier por la paciencia, amor y ayuda que a tenido con mi hija.

Agradezco a mi Papá Jaime por formarme el carácter y enseñarme a trabajar.

Agradezco a mi Mamá María por ser mi todo, por estar en las buenas y en las malas.

DEDICATORIA

Quiero dedicar este importantísimo logro a mi abuelo Pluta, por ser la primera persona que me vio con ojos de orgullo, por ser la única persona que me dijo, **<u>si tu no crees en ti, nadie más lo hará</u>**.

Quiero dedicarle este trabajo a mi hija Joyce, decirle que la amo mucho seria poco porque ella para mi lo es todo, es mi vida entera.

Ing. Civil Jaime R. Hidalgo Carrasco

Tec. Mario Josué Moreno Marcillo

Manual de Instalaciones Sanitarias

Introducción, diseño de redes, consumo y sistemas de suministro de agua potable

Ing. Civil Jaime R. Hidalgo Carrasco

hidalgoconstrucciones93@gmail.com

Tec. Mario Josué Moreno Marcillo

mariomoreno1032@gmail.com

Instituto Superior Tecnológico Babahoyo

Índice General

INTRODUCCIÓN

El arte de las instalaciones en edificios, tuberías, accesorios y otros aparatos para llevar el suministro de agua y retirar las aguas con desperdicios y desechos que transporta el agua se conoce también como plomería.

El capítulo 1, tratará sobre la introducción a los criterios básicos de instalaciones sanitarias, tales como, criterio de diseño de las instalaciones sanitarias, normativas que rigen a nivel nacional para el diseño de sistemas sanitarios en sectores rurales, urbanos y en sectores privados, tipos de instalaciones sanitarias, los componentes que comprenden las instalaciones sanitarias, así como también la lectura en planos del sistema sanitario, cálculo de los diámetros de las tuberías de aguas negras.

El capítulo 2, se enfoca en todo lo referente al sistema de agua potable, tales como normativa vigente, captación y tratamiento de agua cruda, diseño de red de distribución de agua potable intradomiciliaria, dimensionamiento de reservorios de agua potable, cálculo de diámetros de tuberías, lectura e interpretación de plano con instalaciones hidrosanitarias.

Todo el contenido del manual servirá como guía para principiantes y personas que deseen aprender un poco más de cómo realizar instalaciones sanitarias, además se presentan actividades para complementar el aprendizaje.

1 Capítulo 1: Introducción a las instalaciones sanitarias

1.1. Introducción a instalaciones sanitarias

El arte de las instalaciones en edificios, tuberías, accesorios y otros aparatos para llevar el suministro de agua y para retirar las aguas con desperdicios y desechos que lleva el agua se conoce también como "plomería".

A partir de esta definición, se explicará de cómo está constituido un sistema de instalaciones sanitarias, abracando lo que son redes de distribución del suministro de líquido, accesorios utilizados, trampas de grasa y de malos olores, tubos de ventilación, conexiones intradomiciliarias tanto en casas como en edificios, igual forma se explicara el drenaje para aguas lluvias.

Las instalaciones hidrosanitarias son un conjunto de tuberías de diferentes diámetros, las cuales cumplen el propósito de ya sea suministrar de agua potable a cualquier bien-inmueble, la cual deberá llegar con una presión y cantidad adecuada para lo requerido, a su vez las instalaciones hidrosanitarias están comprendidas por diseñar redes de tuberías para el drenaje de aguas negras, ya sean residuales o de uso doméstico y también el drenaje de aguas lluvias.

Muchas personas ven a un plomero como "alguien que une tubos que llevan el agua de un aparato a otro", pero pocas personas se dan cuenta de la complejidad de las habilidades o el entrenamiento profesional necesarios para obtener la completa compresión del cálculo de los caudales a conducir por un tubo o conducto específico, de tal magnitud que sea capaz de brindar el servicio requerido, de tal manera que sea capaz de brindar el servicio requerido

1.2. Objetivos del diseño sanitario

Todos los sistemas de distribución y recogida de energía o fluidos que forman parte de una vivienda se denominan instalaciones de vivienda. La mayoría de las instalaciones en una casa están organizadas de manera similar. Comienzan con una red pública de suministro de agua, gas o electricidad, que llega a los hogares y se distribuyen a través de una red interna hasta los puntos donde interesa disponer de ellos.

En este caso, las instalaciones examinadas son de tipo residencial. Estas instalaciones deben satisfacer los requisitos de habitabilidad, funcionalidad, durabilidad y economía de toda la vivienda.

El trabajo que se está desarrollando sobre "Instalaciones en edificaciones", es básico para nuestra formación profesional, de ahí su estudio, es de suma importancia por el aporte de investigación en la realidad ya que el crecimiento urbano es mayor que en otras épocas y por eso que se necesita de nuevos materiales para mejorar la calidad de vida del usuario.

Los objetivos de las instalaciones sanitarias son:

a. Dotar de agua en cantidad y calidad suficiente para abastecer a todos los servicios sanitarios del edificio.

b. Impedir que el agua usada se mezcle con el agua que ingresa a la edificación por el peligrode la contaminación.

c. Eliminar en forma rápida y segura las aguas servidas; evitando que las aguas que salen del edificio reingresen a él y controlando el ingreso de insectos y roedores en la red.

1.3. Componentes y accesorios sanitarios

El número y tipo de aparatos sanitarios instalados en cualquier componente de sistema, deberán cumplir con las especificaciones, de acuerdo con lo especificado:

Toda vivienda o habitación, estará dotada, por lo menos de: un servicio sanitario que contará con mínimo un inodoro, un lavabo y una ducha.

La cocina dispondrá de un lavadero.

En viviendas colectivas estarán compuestas de los siguientes aparatos: Inodoro, Lavabo, Ducha, Urinario.

Los materiales y equipos más comúnmente utilizados en este tipo de instalaciones son los siguientes:

Figura 1

Tuberías de PVC roscables

Nota. Las tuberías pueden ser de diferentes diámetros, imagen obtenida en *https://icofesa.com/producto.php?id=17434*

Figura 2

Accesorios de PVC - AASS

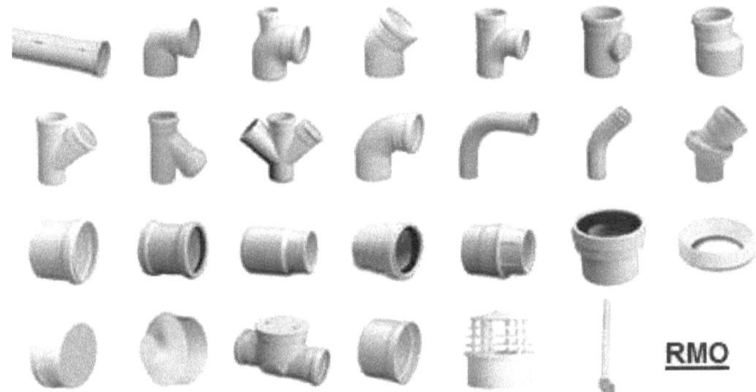

Nota. Los accesorios pueden ser de diferentes ángulos y diámetros, imagen obtenida en *https://importsrmo.com/tienda/tubos-pvc/accesorios-para-tubos-de-pvc-1-2-3/*

Figura 3

Tee de PVC

Nota. Los accesorios pueden ser de diferentes diámetros, imagen obtenida en https://tobegoodov.shop/product_details/15554788.html

Figura 4

Detalle de conexión de inodoro

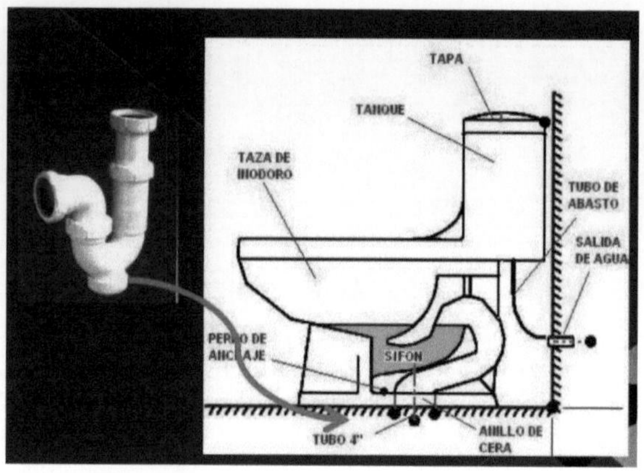

Nota. Imagen obtenida en *https://www.pinterest.com/pin/343258802857602682/*

Figura 5

Detalle de conexión de ducha

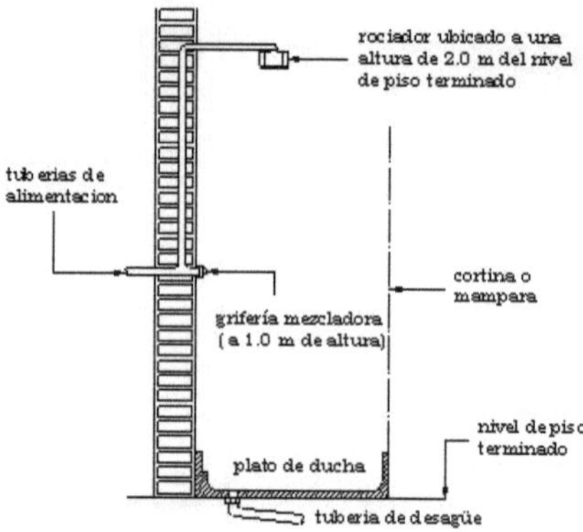

Nota. Imagen obtenida en *https://www.pinterest.com/pin/615726580280805400/*

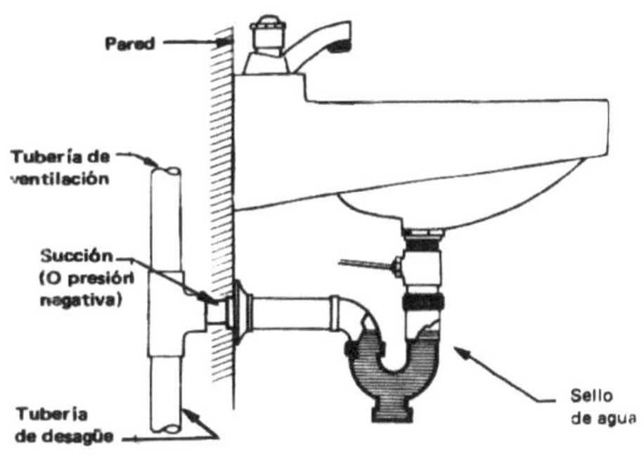

Nota. Imagen obtenida en *https://dibujo11colincato.blogspot.com/p/4-diseno-de-instalaciones-sanitarias.html*

1.4. Normativas de diseño para zonas urbanas y rurales

La IEOS, ente rector del Saneamiento Ambiental en el Ecuador, tienen entre sus obligaciones y a través de la Dirección de Planificación, la preparación, revisióny actualización de las normas para estudio y diseño de sistemas de agua potable y disposición de aguas residuales para poblaciones mayores a 1000 habitantes. El Ieos, consta de normas técnicas para aplicación de profesionales de la Ingeniería Sanitaria y Ambiental, además también es relacionada con las instituciones relacionadas con la infraestructura sanitaria, con el fin de prevenir las enfermedades y cuidar la salud de los usuarios.

Las normas detalladas a continuación tienen como objetivo garantizar que los diseños de sistemas de abastecimiento de agua potable y tratamiento de aguas residuales se realicen dentro de un marco técnico adecuado a la situación actual. Para lograrlo, se han considerado sistemas y procesos que manejen un mínimo de equipos importados utilizando una tecnología no tan costosa, ya que, en su mayoría, estos gastos resultan innecesarios. Estas pautas son una actualización de los estándares de diseño utilizados en

Ecuador y se espera que futuras revisiones les permitan adaptarse aún más a la situación actual de nuestra nación.

En vista de que este es un texto guía los documentos de las normas para zonas urbanas y rurales se presentarán de forma virtual y se desarrollarán actividades acerca de los mismos.

1.5. Instalaciones Sanitarias

El correcto diseño al momento de realizar instalaciones sanitarias, garantizara el buen funcionamiento del mismo, utilizar accesorios sanitarios tales como, tuberías del diámetro correcto, trampas de malos olores, cajas de registro, cajas domiciliarias, y los correctos niveles al momento de realizar su instalación, evitara que a futuro se tenga que hacer correcciones por mal diseño.

Una vez que se haya comprendido el sistema de desagüe es difícil por el número de los elementos que lo componen, la lógica de su funcionamiento es sencilla. Cada dispositivo de atención médica está conectado a ramales de desagüe que se conectan a colectores, y el desagüe llega a un montante vertical a través de estos colectores. Un tubo que corre verticalmente en los muros de una casa recoge el agua servida de todos los pisos. Los colectores del nivel más bajo de la vivienda están conectados al montante, que transporta las aguas negras a los colectores de la red pública.

Es fundamental tener en cuenta los planos arquitectónicos, ya que de ellos depende la disposición de los muebles sanitarios y otros elementos de la instalación.

Es crucial que, en los planos de todo proyecto, las instalaciones sanitarias lleven un buen diseño, por lo cual, en estos, se debe de contar con todas las ubicaciones de los aparatos sanitarios, así como detalles correspondientes de cada instalación.

Es crucial en el ámbito arquitectónico conocer con precisión las dimensiones de cada habitación del edificio, especialmente las que necesitan instalaciones sanitarias. De esta manera, es muy beneficioso tener al menos un corte transversal y longitudinal de la sección del edificio donde se ubican las instalaciones, con el fin de conocer la ubicación de los muebles y dispositivos sanitarios allí, y así elegir el tipo de instalación más adecuado.

1.6. Clasificación de los drenajes sanitarios

La red de tuberías que forman una red de drenaje doméstico permite la evacuación de aguas residuales, lo que permite agrupar y encaminar estas aguas negras desde su origen hasta los sistemas colectores públicos. Estos sistemas recolectan y transportan las aguas residuales de varias comunidades de vecinos hasta su destino final, una planta para el tratamiento de estos líquidos contaminados.

El caudillaje de aguas negras hacia el colector público, puede ejecutarse mediante tres sistemas, en función de la necesidad requerida, esto garantizara el funcionamiento adecuado de todos los ramales de conexión.

1.6.1. Sistema Gravítico

Cuando el nivel total de agua recolectada supera el umbral de la cámara del colector público, se utiliza este sistema, Este sistema, utiliza los siguienteselementos:

a. Sifón

b. Ramal de descarga

c. Tubo de caída

d. Ramal de ventilación

e. Columna de ventilación

f. Cámara de inspección

g. Colector predial

h. Ramal de conexión

i. Colector público

1.6.2. Sistema de Elevación

Es lo opuesto al sistema gravítico, siendo utilizado cuando la cuota de caudal se encuentra por debajo de la altura máxima del colector, lo que impide que el agua descienda por gravedad. Sin embargo, es muy poco utilizado debido a su alto costo.

Las aguas residuales se elevan hasta un punto en el que el drenaje por gravedad se puede realizar hasta el ramal de conexión. El uso de un sifón invertido es crucial para este tipo de sistemas porque impide que las aguas inviertan el flujo cuando el sistema se apaga.

1.6.3. Sistema mixto

Si se necesita combinar los sistemas anteriores, se utiliza el sistema mixto. Esto ocurre cuando la recolección de aguas residuales se produce por encima y por debajo del nivel mínimo que garantiza el drenaje por gravedad en el ramal de conexión.

1.7. Instalaciones Sanitarias para aguas servidas

1.7.1. Clasificación de aguas servidas y pluviales

Como se mencionó anteriormente, las aguas residuales pueden provenir de una variedad de orígenes, como el doméstico, industrial, pecuario, agrícola o recreativo, entre otros, los cuales determinan sus características potenciales. Las aguas residuales se catalogan del siguiente modo: Aguas residuales domésticas, negras, grises y residuales municipal o Urbana.

1.7.1.1. Agua Residual Doméstica (ARD)

Estas aguas son residuos líquidos de viviendas, áreas residenciales, negocios o instituciones.

Figura 7

Detalle de conexiones de aguas residuales domesticas

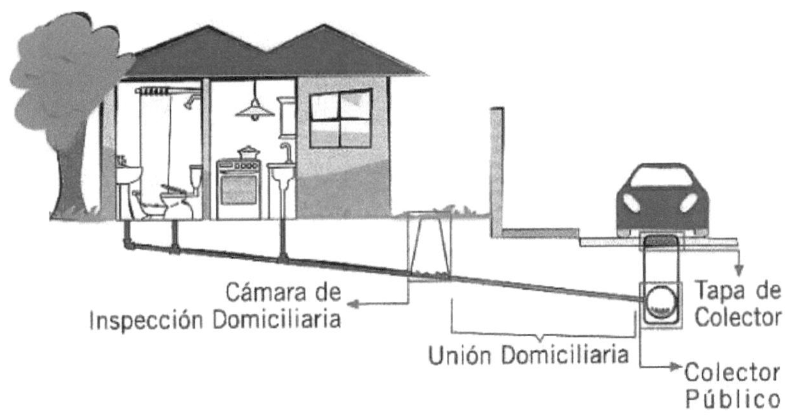

Nota. Son conjunto de redes de tuberías de diferentes diámetros, Imagen obtenida en http://instalacionessanitariaspsm.blogspot.com/2015/06/instalaciones-sanitarias.html

Estas, además, se pueden subdividir en:

1.7.1.2. Aguas Negras

Agua extraída de desechos orgánicos y químicos que alteran su composición natural.

1.7.1.3. Aguas Grises

Se conocen como aguas jabonosas que pueden contener grasas y provienen de dispositivos como la ducha, la tina, el lavamanos, el lavaplatos, el lavadero y la lavadora.

1.7.1.4. Agua Residual Municipal o Urbana (ARU)

Las aguas se clasifican como desechos líquidos de una zona urbana, originados por actividades domésticas e industriales y son transportados por una red de alcantarillado.

Nota. Planta de tratamiento de aguas residuales, es donde llegan las aguas negras de una ciudad, Imagen obtenida en *https://www.americanbiosystems.com/productos/tratamiento-de-aguas-residuales/municipal-wastewater-treatment/?lang=es*

1.7.1.5. Agua Residual Industrial (ARI)

Estas aguas se definen por ser residuos líquidos provenientes de procesos productivos industriales, las cuales pueden tener origen agrícola o pecuario.

Nota. Son las aguas de desecho que evacuan las grandes industrias, Imagen obtenida en *https://www.alfalaval.es/industrias/tratamiento-de-agua-y-residuos/tratamiento-de-agua-y-residuos/*

1.7.1.6. Aguas lluvias (ALL)

El escurrimiento de las nubes cuando están llenas de moléculas de agua causa la lluvia, que fluye por los techos, calles, jardines y otras superficies del terreno.

Figura 10

Aguas lluvias

Nota. Son las aguas provenientes de la descomposición de las nubesm, Imagen obtenida en *https://rotoplascentroamerica.com/4-beneficios-de-guardar-agua-de-lluvia-con-el-sistema-de-captacion-pluvial/*

1.7.1.7. Sistemas de ventilación

Existen tres tipos de ventilación, a saber:

a. Ventilación Primaria.

b. Ventilación Secundaria.

c. Doble Ventilación.

Se denomina como "ventilación primaria" a los bajantes de aguas negras, y en el argot popular suele llamársele "ventilación vertical".

La ventilación primaria, cumple la función de acelerar el flujo de las aguas residuales o negras y así poder evitar, el taponamiento de las tuberías, además es de gran importancia realizar la ventilación en las instalaciones sanitarias, ya que ayuda a la rápida evacuación de las aguas negras.

El objetivo de la ventilación en los ramales es la "ventilación secundaria", también conocida como "ventilación individual", que permite que el agua de los obturadores en la descarga de los aparatos sanitarios se escape a la atmósfera para nivelar la presión del agua de los obturadores en ambos lados, evitando el efecto de los obturadores y evitando la entrada de gases a las habitaciones.

La ventilación secundaria consta de:

a. Los ramales de ventilación provienen de la proximidad de las trampas hidráulicas y obturadores.

b. Las bajadas de ventilación que pueden estar conectadas a un mueble o más.

La ventilación puede realizarse en grupo o en serie conectando varios accesorios o muebles de baño en un mismo nivel, como es común encontrar el fregadero con los muebles de baño, a condición de que las descargas por nivel estén conectadas individualmente con bajadas de aguas negras.

Es importante destacar que los sifones o trampas hidráulicas de los muebles sanitarios deben diseñarse de tal manera que se pueda renovar todo su contenido en cada descarga, evitando que el agua se estanque en ellos y produzca malos olores, lo que aumenta la limpieza.

Cuando se ventilan tanto las columnas de aguas negras como los muebles de la instalación sanitaria, se le llama doble ventilación.

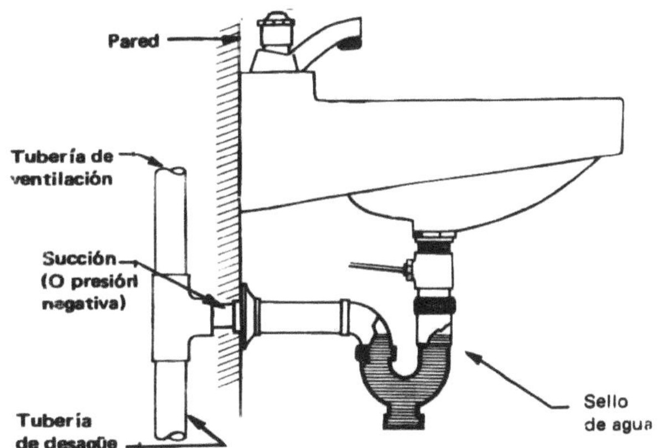

Nota. Es importante colocar estas tuberías para evitar la salida de malos olores, Imagen obtenida en *https://taller-construccion-arquis.blogspot.com/2010/06/sistema-de-ventilacion-tuberias.html*

1.8. Componentes que intervienen en las instalaciones de aguas residuales

Son accesorios y/o tuberías que van en todos los muebles sanitarios para evitar la salida de gases y malos olores.

1.8.1. Derivación de drenaje

Es la tubería de drenaje que transporta las aguas residuales de un solo nivel hacia las columnas de drenaje o colectores, con una pendiente mínima del 2% para causar escurrimiento por gravedad.

1.8.2. Colector o albañal

Sistema de tuberías con pendientes necesaria, para evacuar las aguas residuales y las pluviales de los edificios, ya sea por separado o combinado a ambas.

1.8.3. Columna de ventilación.

La tubería cuyo único propósito es permitir la entrada y salida de aire del sistema de evacuación de "aguas negras", generalmente se coloca de manera vertical y está en contacto directo o indirecto con el exterior, además de cumplir la función de mantener la presión atmosférica en todas las tuberías de drenaje para evitar la pérdida de sellos hidráulicos en los sifones de los muebles o aparatos sanitarios. Como resultado de la descomposición de la materia orgánica, permite que los gases fétidos que se liberan en las tuberías de drenaje se evacuen hacia la atmósfera.

1.8.4. Derivación de ventilación.

Es una tubería que está inclinada ligeramente para permitir el escurrimiento del agua de condensación y que ventila directamente los sifones de los muebles sanitarios o las derivaciones de drenaje en los lugares apropiados. Estas derivaciones son simples para un solo mueble y complejas para dos o más muebles.

1.8.5. Bajadas de agua pluvial.

Las tuberías verticales que llevan las aguas de lluvia de las azoteas al colector o albañal de drenaje son las que se utilizan.

Figura *12*

Sistema de evacuación de AASS

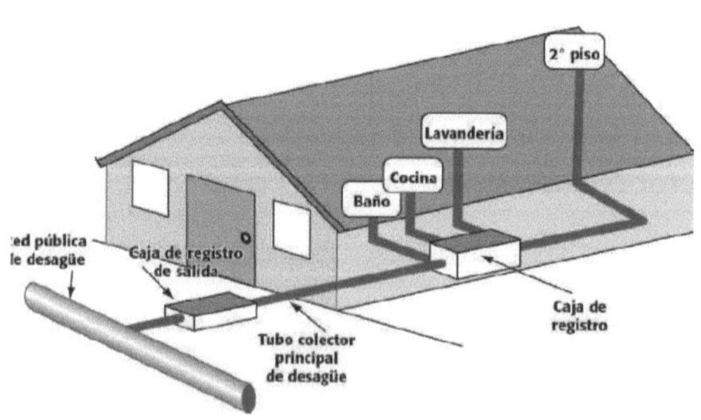

Nota. Es importante considerar las pendientes, Imagen obtenida en *https://document.onl/documents/trabajo-de-simbologia-agua-y-desague.html*

Figura 13

Codo de 90° con ventilación

Nota. Es utilizado para disipar los malos olores, Imagen obtenida en *https://plastisur.com.pe/producto/codo-de-ventilacion/*

Figura 14

Codo de 45°

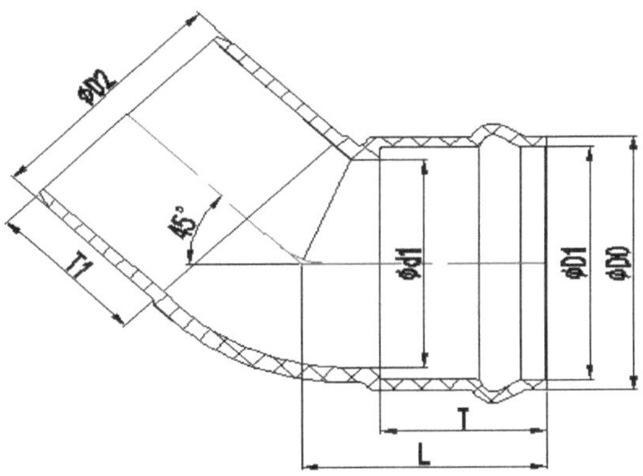

Nota. Es utilizado para conexiones de 45°, Imagen obtenida en http://otg.plastichuasheng.com/pvc-fitting/pvc-rubber-ring-fitting/pvc-elbow-45-deg-f-s-with-rubber-ring.html

Nota. Es utilizado para derivar el caudal de AAPP hacia otra dirección, estos pueden ser de 1/2¨ y 3/4 ¨, Imagen obtenida en https://www.promart.pe/tee-simple-presion-3-4-/p

Nota. Es utilizado para la unión de 3 tuberías 2¨ utilizadas para drenaje, Imagen obtenida en https://www.kywi.com.ec/yee-pvc-desague-50-mm-rival/p

Figura 17

Yee doble 4 y 2

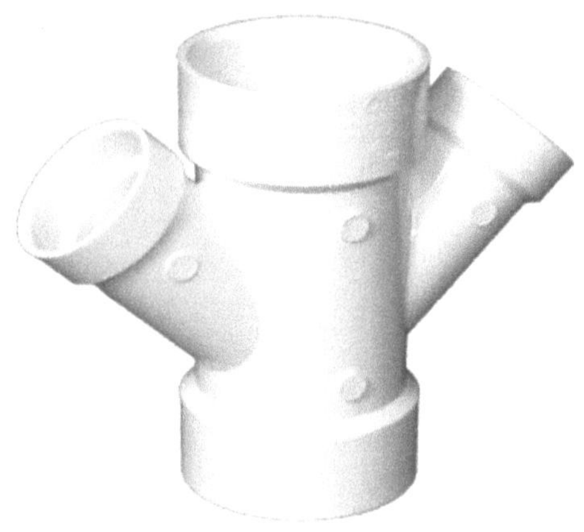

Nota. Es utilizado para la unión de 3 o mas tuberías, teniendo entradas de 2¨ y 4¨ utilizadas para drenaje, Imagen obtenida en *https://depotmx.com/producto/yee-doble-red-pvc-dwv-150-100-mm/*

Figura 18

Trampa P de PVC 2¨

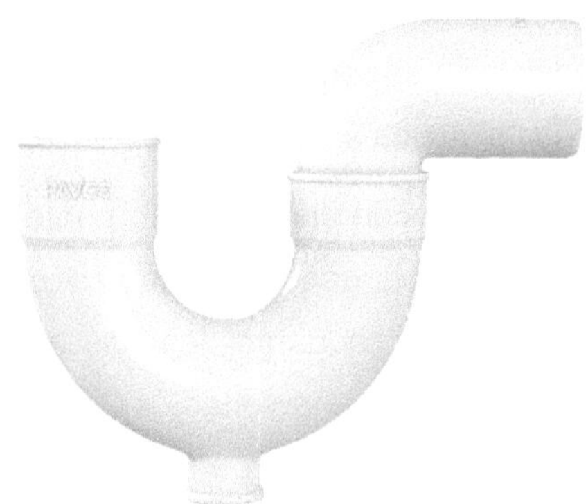

Nota. Es utilizado para evitar la salida de malos olores, Imagen obtenida en http://www.icofesa.com/producto.php?id=20302

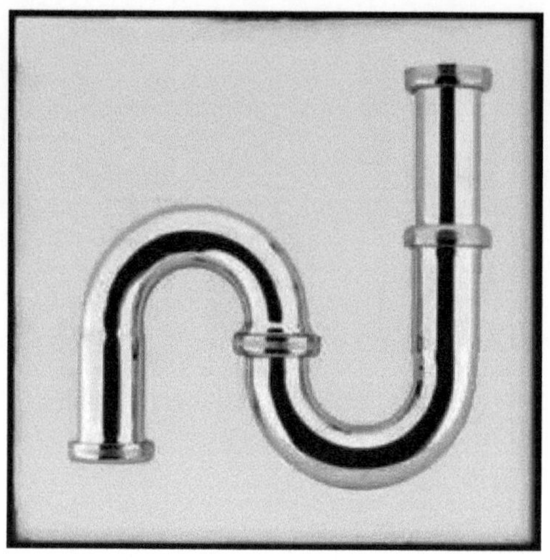

Nota. Es utilizado para evitar la salida de malos olores, Imagen obtenida en https://ferreteriapaska.com/trampa-para-lavadero-de-cocina-guia-de-compra/

1.9. Diseño de sistemas de desagües

El Código Técnico establece normas generales para la evacuación de aguas negras y destaca los componentes de las instalaciones de saneamiento en edificios. Las condiciones generales para la evacuación de aguas negras son las siguientes:

El pozo o arqueta general, que servirá como punto de conexión entre la red de evacuación y la red general, a través de la correspondiente acometida, será donde desaguarán los distintos colectores de la edificación, preferentemente por gravedad.

En situaciones en las que no existe una red de saneamiento o alcantarillado general, será necesario emplear sistemas individualizados en cada situación, aunque se mantendrán al menos separados los sistemas de evacuación de aguas residuales y pluviales, llevando las primeras a una estación depuradora particular y las segundas al terreno.

Los desechos producidos por actividades profesionales realizadas en viviendas distintas de las domésticas serán tratados de maneras diferentes, como decantación, separación y neutralización.

En casas y edificios de departamentos, se deben ubicar lejos de dormitorios, salsas, comedores, etc., y en lugares donde el ruido de las descargas continuas de muebles sanitarios conectados en niveles superiores no provoque malestar.

Es importante tener en cuenta esto en espacios públicos y escenarios de eventos, donde las reuniones de personas son importantes. Deben tomarse en cuenta lo siguiente:

a. Existen proyecto de construcción que se diseñan y construyen de acuerdo a las instalaciones requeridas del sitio, además hay instalaciones que deben hacerse de acuerdo al tipo de construcción.

b. Las dimensiones de los ductos deben coincidir con el número y el diámetro de las tuberías instaladas.

c. Considere que trabajar con tuberías soldadas o roscadas de diámetros pequeños o muy grandes puede facilitar el mantenimiento y los cambios en las instalaciones que se han construido.

1.10. Calculo, diseño y dimensionamiento de tuberías

1.10.1. Caudales de diseño

Cada aparto sanitario tiene un consumo o gasto de agua por minuto que necesita para su uso intermitente normal. En la siguiente figura se detallas los consumos de los distintos aparatos sanitarios:

Mueble	Servicio	Control	U.M
Inodoro	Publico	Valvula	10
Inodoro	Publico	Tanque	5
Fregadero	Hotel, rest.	Llave	4
Lavabo	Publico	Llave	2
Mingitorio pedestal	Publico	Valvula	10
Mingitorio pared	Publico	Valvula	5
Mingitorio pared	Publico	Tanque	3
Regadera	Publico	Mezcladora	4
Tina	Publico	Llave	4
Vertedero	Oficina, etc.	Llave	3
Inodoro	Privado	Valvula	6
Inodoro	Privado	Tanque	3
Fregadero	Privado	Llave	2
Grupo baño	Privado	Inodoro valvula	8
Grupo baño	Privado	Inodoro tanque	6
Lavabo	Privado	Llave	1
Lavadero	Privado	Llave	3
Regadera	Privado	Mezcladora	2
Tina	Privado	Mezcladora	2

Nota. Se consideran los siguientes consumos para calcular la dotación, Imagen obtenida en
https://es.slideshare.net/slideshow/unidades-mueble/11652625#2

1.10.2. Unidades de descarga

Se entiende por unidad de descarga, la cantidad de agua que evacua un aparato sanitario en uso discontinuo normal en un minuto. Las unidades de descarga varias acorde a los diámetros de cada aparato sanitario, las cuales se detallan a continuación:

Unidades de consumo

Unidades de descarga		
Tipos de Aparato	**Diámetro mínimo de la trampa**	**Unidades Hunter de descarga**
Inodoro (c/tanque)	75 mm (3")	4
Inodoro (c/válvula)	75 mm (3")	8
Bidé	40 mm (1 1/2")	3
Lavatorio	32-40 mm (1 1/4"- 1 1 /2")	1-2
Lavadero de cocina	50 mm (2")	2
Lavadero c/triturador desperdicios	50 mm (2")	3
Lavadero de ropa	40 mm (1 1/2")	2
Ducha privada	50 mm (2")	2
Ducha pública	50 mm (2")	3
Tina	40-50 mm (1 1/2"-2")	2-3
Urinario de pared	40 mm (1 1/2")	4
Urinario de piso	75 mm (3")	8
Urinario corrido	75 mm (3")	4
Bebedero	25 mm (1")	1-2
Sumidero	50 mm (2")	2
Para aparatos no especificados (*)	32 mm ó menor (1 1/4" ó menor)	1
	40 mm (1 1/2")	2
	50 mm (2")	3
	65 mm (2 1/2")	4
	75 mm (3")	5
	100 mm (4")	5

Nota. Se consideran los siguientes consumos para calcular la dotación, Imagen obtenida en https://es.slideshare.net/slideshow/unidades-mueble/11652625#2

1.10.3. Cálculo de tuberías, bajantes y colectores

Para las siguientes evaluaciones más que el cálculo se aprenderá a revisar e interpretas la información obtenida de las tablas mostradas en esta unidad, con ellas se podrá realizar el diseño adecuado de toda una instalación sanitaria para una vivienda convencional.

A continuación, se mostrarán tablas esenciales para el proceso de selección de tuberías para cada cantidad de unidad de descargas y pendientes que podríamos tener en casos reales.

Figura 22

Tabla para selección de tuberías de desagües

Diámetro del tubo	Cualquier horizontal de desague (*)	Montantes de 3 pisos de altura	Montantes de más de 3 pisos	
			Total en la montante	Total por piso
32 mm (1 1/4")	1	2	2	1
40 mm (1 1/2")	3	4	8	2
50 mm (2")	6	10	24	6
65 mm (2 1/2")	12	20	42	9
75 mm (3")	20	30	60	16
100 mm (4")	160	240	500	90
125 mm (5")	360	540	1100	200
150 mm (6")	620	960	1900	350
200 mm (8")	1400	2200	3600	600
250 mm (10")	2500	3800	5660	1000
300 mm (12")	3900	6000	8400	1500
375 mm (15")	7000	-	-	-

Número máximo de unidades de descarga que puede ser conectado a los conductos horizontales de desague y a las montantes

Nota. Se consideran la siguiente tabla para discurrir el diámetro de las tuberías, Imagen obtenida en https://es.slideshare.net/slideshow/unidades-mueble/11652625#2

Figura 23

Unidades de descarga para colectores

Número máximo de unidades de descarga que puede ser conectado a los colectores del edificio				
Diámetro del tubo	Pendientes			No hay interpolación
	1%	2%	3%	
50 mm (2")	-	21	26	
65 mm (2 1/2")	-	24	31	
75 mm (3")	20	27	36	
100 mm (4")	180	216	250	
125 mm (5")	390	480	575	
150 mm (6")	700	840	1000	
200 mm (8")	1600	1920	2300	
250 mm (10")	2900	3500	4200	
300 mm (12")	4600	5600	6700	
375 mm (15")	8300	10000	12000	

Nota. Se consideran la siguiente tabla para considerar el diámetro de las tuberías que van hacia el colector, Imagen obtenida en https://es.slideshare.net/slideshow/unidades-mueble/11652625#2

Detalle del diseño sanitario de un baño

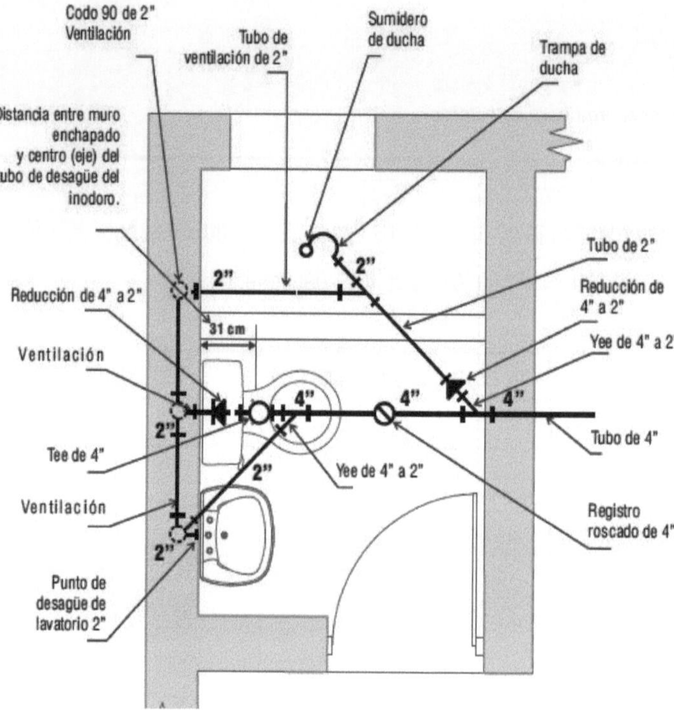

Nota. Esquema practico para las instalaciones sanitarias, Imagen obtenida en https://www.bibliocad.com/es/biblioteca/detalle-de-sanitario_82972/

El fin de los cálculos para obtener el diseño sanitario es plasmar en un plano sanitario todos los accesorios a utilizar, metraje y ubicación de las tuberías, pendientes y diámetros de cada tubería a utilizar, para que de esta manera no se deba improvisar nada enlos métodos constructivos.

3. Capítulo 2: Diseño de redes y consumo de agua

2.1. Consumos máximos horarios y diarios

La curva de variación de la demanda de agua potable es válida para cualquier otra tubería de la red, independientemente de la cantidad de usuarios que reciba el servicio. Esto se debe a que la variación de la demanda de agua potable se estima de manera muy precisa utilizando mediciones continuas del consumo generado.

La presente guía proporciona un método para calcular la variación estocástica diaria de la demanda instantánea de agua potable para una o varias casas. Este método se basa en estadísticas de consumo de agua en casas individuales; también se deben tener en cuenta las fugas y la variación del gasto en las tuberías de abastecimiento, así como los casos de suministro continuo e intermitente.

La técnica sugerida proporciona una base lógica para determinar la variación de la demanda requerida, que puede adaptarse a la forma tradicional o sustituirla. Una condición esencial para la planificación y el diseño de los sistemas de suministro es la estimación precisa de la demanda de agua potable, que en gran medida determina los costos necesarios para brindar un servicio de calidad. Las variaciones en el servicio afectan la demanda, las cuales podrían ser como:

a. La variación interanual se expresa por el alza de la demanda, debido al pase de los años, si aumenta la población anual, por ende, aumenta el consumo.

b. Las variaciones en el clima durante las diferentes estaciones del año tienen un impacto en la variación estacional.

c. La variación semanal se basa que no todos los días en las viviendas, existirá el mismo consumo, con algunas diferencias para los fines de semana y días festivos.

Los conceptos como la variación diaria y horaria de la demanda y la curva de variación horaria de la demanda, también conocida como coeficiente pico o coeficiente punta, son comunes en la rama de la ingeniería del abastecimiento de agua potable.

El coeficiente de variación de la demanda, que es la relación entre el gasto máximo y el gasto medio, se utiliza para verificar que tenemos un diseño adecuado. La curva de variación horaria de la demanda de una localidad generalmente se obtiene de mediciones continuas del gasto total del consumo de una tubería. Los coeficientes de variación y las curvas de variación de la demanda pueden ser válidos una vez que se obtienen, otras redes.

Figura **25**

Variación horaria de la demanda de agua

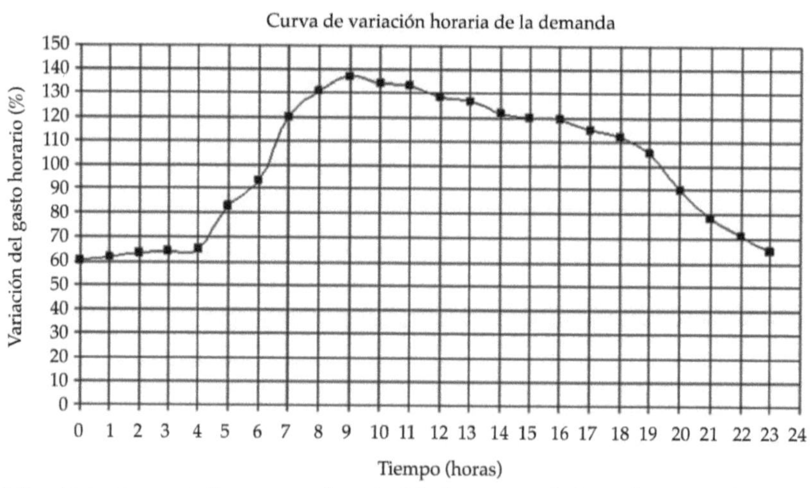

Nota. Esquema practico para las instalaciones sanitarias, Imagen obtenida en https://www.scielo.org.mx/scielo.php?script=sci_arttext&pid=S2007-24222016000300115

Según las estadísticas, hay días en los que se consume más y otros en los que se consume menos en comparación con el consumo promedio diario. Lo importante en considerar de las variaciones mensuales y diarias es saber los máximos picos y bajos días de consumo, para con esto realizar un correcto diseño.

El coeficiente del gasto medio anual mide la variación diaria y depende de la temperatura y la distribución de las lluvias en la zona, dentro de las variaciones diarias, tenemos:

2.1.1. Variación horaria

Dentro del lapso de las 24 horas que tiene el día, el consumo varia acorde a las horas, existirá un mayor consumo en los horario por la mañana, ejemplo de 05:00 AM a 09:00 AM, de 10:00AM a 14:00PM y de 17:00 PM a 21:00PM, esto relacionado a que por la mañana, la mayoría de usuarios se levantan a dirigirse al trabajo, utilizando más los aparatos sanitarios, por la media mañana, debido a que se preparan almuerzos y demás usos en el área de la cocina y por la noche existirá mayor consumo, esto porque los usuarios retornan a sus casas.

Se debe agregar un coeficiente al gasto máximo diario para satisfacer las demandas máximas durante el día. Los valores de los coeficientes de variación horaria son los siguientes:

C.V.H = Coeficiente de Variación Horaria = 1.55 (155 %)
C.V.H = Coeficiente de Variación Horaria = 2.00 (200 %) Normalmente se utiliza un C.V.H. = 1.55

Los valores más usuales para los coeficientes Diario y Horario son 1.4 y 1.55 respetivamente.

2.1.2. Gasto medio diario

Cantidad de agua necesaria por un habitante en un día cualquiera del año de consumo promedio y su fórmula se expresa:

Q m.d = (Pf x D) /86,400

Donde:

Q.m.a, = Gasto medio diario, en l .p. s.Pf = Población futura.

D = Dotación en litros/ habitantes – día.86400 = segundos del día

2.1.3. Máximo diario

El consumo promedio anual varía debido a que hay momentos en los que la demanda de consumo es mayor que el promedio anual debido a la actividad, la temperatura u otras razones. Este consumo puede oscilar entre el 120 % en lugares con clima uniforme y el 130 % en lugares con clima variable, y en poblaciones pequeñas puede llegar al 200%.

En general, los meses de mayo a julio tienen el mayor consumo. Para el diseño de sistemas de abastecimiento de agua potable, se debe utilizar un coeficiente establecido en la normativa actual.

El consumo máximo diario se le llama "gasto máximo diario", (Qmáx.d).

La fórmula para calcular el gasto máximo diario es:

QM.D = Qm.d. x c.v.d.

Donde:

QM.D = Gasto máximo Diario, lps Qm.d = Gasto medio diario, en lps

c.v.d = coeficiente de variación diaria, normalmente se aplica 1.2

2.1.4. Gasto máximo horario

Este gasto varía en diferentes momentos del día, por lo que es importante saber en qué momentos del día se consume más.

Se ha observado que durante las horas de mayor actividad se puede alcanzar hasta un 150% de "gasto máximo diario". Este gasto se conoce como "coeficiente de variación horaria" y se utiliza como base para calcular el volumen de consumo requerido para la población durante la hora de máximo consumo.

La expresión para determinar el gasto Máximo horario es:

Qmáx. h = Q máx.d x

C.V.H

Donde:

Qmax. H = Gasto máximo Horario, en lps

C.V.H = Coeficiente de variación horaria

El gasto máximo horario se usa en el Diseño de:

El diámetro de la línea de alimentación.

El diámetro de la red de distribución del sistema.

2.1.5. Periodos de diseño

Es de importancia considerar cuando se realicen diseños de redes de agua potable o evacuación de residuos líquidos, períodos que comprendan mínimo 20 años, a su vez, también se debe tener en cuenta que, los equipos que van a hacer utilizados en estos sistemas, contemplen una vida útil igual o mayor a la del periodo de diseño.

En casos justificados, se puede utilizar un período de diseño diferente, pero la población futura no debe superar 1.25 veces la población actual.

Para calcular la población de diseño se debe tener en cuenta la población actual determinada mediante un censo actualizado o de ser el caso, realizar un recuento poblacional. En función del censo de cada comunidad, se determinará la población flotante y la importancia de este dato al momento de realizar el diseñarse. Para el cálculo de la población futura, se empleará el método geométrico:

Pf= Pa * (1+r)n

En donde:

Pf: Población futura (habitantes) Pa: Población actual (habitantes)

r : Tasa de crecimiento geométrico de la población expresada como fracción decimal

n : Período de diseño (años)

Para calcular la tasa de crecimiento poblacional, se tomará como base los datos estadísticos de los censos nacionales y recuentos sanitarios.

2.1.5.1. Disposiciones generales

El suministro de agua debe ser continuo y estable. El agua debe cumplir con las especificaciones de calidad.

2.1.5.2. Disposiciones específicas

2.1.5.2.1. Fuente de abastecimiento

La fuente debe proporcionar al menos dos veces el caudal máximo del día siguiente. El caudal mínimo de la fuente se determinará utilizando métodos debidamente justificados y aprobados por la fiscalización.

2.1.5.2.2. Captación

Al final del período de diseño, la estructura de captación debe tener la capacidad de liberar al sistema de agua potable al menos 1.2 veces el caudal máximo diario.

La capacidad del almacenamiento será el 50% del volumen medio diario futuro.

2.1.5.2.3. Distribución de agua potable

Es el conjunto de tuberías conectadas entre sí para transportar agua potable. Para diseñar una red de agua potable eficiente, debe tener en cuenta el caudal máximo horario. La red podría estar compuesta por circuitos cerrados o abiertos, y la presión estática máxima recomendada es de 30 mca (metros columna de agua) y la presión dinámica máxima recomendada es de 10 mca.

El diámetro nominal de los conductos de la red será establecido al diseño y necesidades del servicio.

La red debe contar con válvulas de control para independizar sectores y poder realizar mantenimientos, sin necesidad de suspender el servicio en toda la localidad.

En ramales aislados y tramos que involucren bombeo, la tubería deberá diseñarse incluyendo la sobre presión producida por el golpe de ariete.

2.1.5.2.4. Conexiones domiciliarias

Se denomina guía domiciliaria a la conexión que parte desde la red pública hacia el medidor de la vivienda, muchas veces los usuarios solicitan medidores para los diferentes departamentos y familias que habiten en el inmueble.

Cada guía domiciliaria constará de los accesorios que aseguren un acoplamiento perfecto a la tubería matriz y así evitar fugas a la vez. El medidor deberá estar ubicado en un sitio visible y seguro para evitar el vandalismo.

2.1.5.2.5. Caudales de diseño

El caudal de diseño es el caudal total de agua potable que se utilizará en el sistema cuando la red de distribución de agua potable no necesite bombeo. El caudal de diseño se calcula multiplicando el caudal máximo diario durante el período de diseño.

El caudal de diseño de una red con bombeo se determina utilizando el consumo máximo diario y la cantidad de horas de bombeo, de acuerdo con la siguiente expresión:

24 horas QB = 1.05 QMD ----------------- N° horas de bombeo al día

En donde: QB = Caudal de bombeo

QMD = Caudal máximo diario calculado al final de período de diseño.

En ningún caso el caudal de diseño de la conducción corresponderá al caudal máximo horario.

2.2. Instalaciones sanitarias para agua potable

2.2.1. Fuentes de abastecimiento de agua limpia

El agua es un bien público, un elemento fundamental en la carta de los derechos humanos y es el tema de las agendas gubernamentales para cumplir con los Objetivos del Milenio. Por lo tanto, es uno de los recursos esenciales para el desarrollo sostenible y social de las comunidades, que lo utilizan diariamente para la preparación de alimentos y el aseo personal. En consecuencia, la calidad del agua juega un papel importante en las condiciones de vida y trabajo de una región.

De esta manera, según las guías de calidad del agua potable según las normas INEN, el manejo preventivo de la calidad del agua para consumo humano debe basarse en el concepto de multibarrera, en el que la fuente y su cuenca hidrográfica son la primera barrera de seguridad. Según esta idea, los planes de seguridad del agua son el medio por el cual se puede garantizar que el agua sea segura para el consumo humano. Los planes en cuestión tienen como objetivo evaluar en profundidad los peligros para los sistemas de suministro, desde la captación hasta el consumidor.

Aunque Latinoamérica y el Caribe cuentan con abundantes recursos hídricos, enfrentan graves problemas de contaminación local y una distribución inequitativa espacial y temporal del agua. Solo el 8% de la población mundial posee el 31% de las reservas mundiales de agua dulce. Aunque hay abundantes reservas de agua, el cambio climático ha afectado la disponibilidad del agua, lo que provoca dificultades en el suministro debido a sequías, huracanes e inundaciones, que son cada vez más comunes.

Las guías de calidad del agua potable de la OMS suelen ser la base para que cada país en desarrollo o desarrollado establezca una norma nacional para los estándares de calidad del agua de consumo. En 2004, la Organización Mundial de la Salud presentó la tercera versión en español de las guías.

La guía actual incluye una actualización sobre la evaluación y gestión de riesgos, a través de la creación de planes de seguridad del agua y las responsabilidades de los diferentes actores en la prestación de este tipo de servicio. Como resultado, la OMS ha establecido una estrategia 2013-2020 relacionada con salud y calidad del agua. La guía destaca que los agentes microbianos siguen siendo un problema de salud pública y una preocupación para los países pobres y desarrollados debido a la dinámica poblacional (crecimiento), la expansión de la actividad agrícola y el riesgo de amenaza del cambio climático. Además, esta guía incluye ajustes o correcciones en las medidas de sustancias químicas.

Figura 26

Contaminantes presentes en el agua cruda

Sustancia o contaminante	Normativa colombiana derogada (Decreto 1594 de 1984)	Normativa colombiana Agua Potable (Decreto 475 de 1998)	Normativa colombiana vigente (Decreto 2115 de 2007)	Canadá	Estándares OMS 4ª edición	Estándares Agua Potable EPA	Estándares europeos Directiva sobre la calidad del agua para consumo humano 1998	ARG Código Alimentario Ley 18824	NCh 409/1 Of. 2005
	mg/L	mg/L	mg/L	mg/L	mg/L	mg/L	mg/L	mg/L	mg/L
Aluminio (Al)	N.A	0,2	0,2	0,1/0,2	No se establece	0,05-0,2	0,2	0,2	0,25
Amonio (NH4)	1.0	N.A	N.A	N.A	N. A	0,05	0,5	0,2	1,5
Antimonio (Sb)	0,1-0,2 ug/L OMS	0,005	0,02	0,006	0,02	0,006	0,005	-	-
Arsénico (As)	0,05	0,01	0,01	0,01	0,01	0,01	0,01	0,05	0,01
Bario (Ba)	1	0,5	0,7	1	0,7	2	N.A	-	-
Cadmio (Cd)	0,01	0,003	0,003	0,005	0,003	0,005	0,005	0,006	0,01
Cianuro (CN)	0,2	0,1	0,05	0,2	N.A	0,2	0,06	0,1 1	0,05
Cromo (Cr 6+)	0,05	0,01	N-A	-	-	-	-	-	-
Cromo (Cr)	N.A	N.A	0,05	0,05	0,05	0,1	0,06	0,05	0,05
Cobre (Cu)	1.0	1	1	1	2	1,3	2	1	2

Nota. Los datos se obtienen mediante ensayos de laboratorio, Imagen obtenida en https://www.who.int/es/news-room/fact-sheets/detail/drinking-water

En el caso de aguas crudas superficiales, es recomendable realizar una serie de análisis de muestras tomadas durante una lluvia con intervalos de 15 a 30 minutos para determinar el deterioro de la calidad del agua y el tiempo que ha pasado desde el inicio de la lluvia, para determinar los parámetros de interés y para elegir el proceso de tratamiento.

Se debe utilizar toda la información disponible sobre el agua cruda y el agua tratada, incluso si se necesita un nuevo muestreo, en caso de que existan otras plantas de tratamiento que se abastezcan de la misma fuente o se rediseño una planta existente.

Se seleccionarán varias alternativas de tratamiento dentro del concepto de tecnología apropiado dependiendo del tipo de agua cruda y las normas de calidad del agua tratada. El diseñador deberá aplicar todo su conocimiento y experiencia para determinar.

Figura 27

Tratamiento para cada caso de agua cruda

Turbiedad media < 10 UNT NMP < 1000 col/100 ml	Filtración lenta
Turbiedad media < 50 UNT NMP < 1000 col/100 ml	Filtración lenta con Pretratamiento
Turbiedad media < 150 UNT NMP < 5000 col/100 ml	Filtración lenta con Sedimentación simple y pretratamiento

Nota. Estos datos se pueden observar en la norma Nro. DIR-ARCA-RG-012-2022, Imagen obtenida en *https://www.regulacionagua.gob.ec/wp-content/uploads/downloads/2022/07/Regulacio%CC%81n-DIR-ARCA-RG-012-2022-Calidad-del-agua_-signed.pdf*

3. CAPÍTULO III: Sistemas de suministro de agua potable

3.1. Sistemas de suministro de agua potable

Los sistemas que se utilizan para abastecer de agua potable, se pueden clasificar de la siguienteforma:

a. Sistemas de abastecimiento directo.

b. Sistemas de abastecimiento por gravedad.

c. Sistemas de abastecimiento combinado.

d. Sistemas de abastecimiento por presión.

3.1.1. Sistemas de abastecimiento directo

Se considera un sistema de abastecimiento directo cuando el agua fría se suministra directamente a los muebles sanitarios de las estructuras a través de la red municipal, sin utilizar tinacos de almacenamiento, tanques elevados o otros sistemas.

Para abastecer de forma directa a la red de distribución interna de las edificaciones, es recomendable que la red municipal principal está a una distancia de no mayor a 10m y que esta contenga la presión necesaria para abastecer y dotar del líquido vital a todas los aparatos sanitarios y a su vez mantenga la presión para elevar el agua a niveles más elevados, para garantizar un mejor servicio se debe considerar en el diseño, las perdidas por fricción, obstrucción, cambios de dirección, ensanchamiento o reducción brusca de diámetros, etc.

Para comprobar de que el agua va a llegar a los muebles más elevados con la presión necesaria para que trabajen eficientemente, basta medir la presión manométrica en el punto más alto de la instalación o abrir la válvula del agua fría de este mueble y que la columna de agua alcance a partir del brazo o en una tubería paralela libremente una altura de 2.00 m.

Figura 28

Sistemas de abastecimiento de AAPP

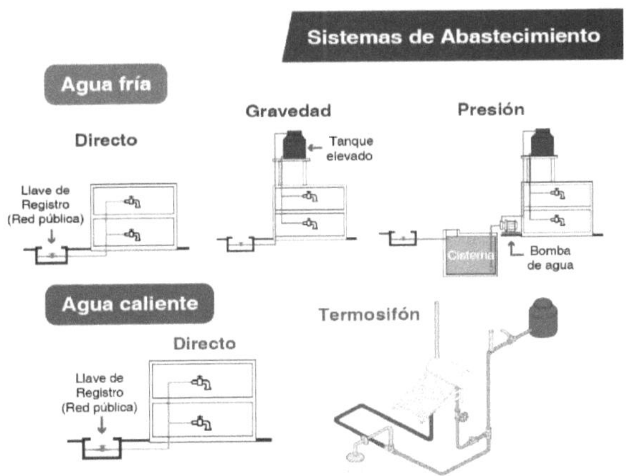

Nota. Se detallan los sistemas para agua fría y agua caliente, Imagen obtenida en https://es.slideshare.net/slideshow/abastecimiento-66982364/66982364

3.1.2. Sistema de abastecimiento por gravedad

En este sistema, la red de agua potable se realiza mediante tanques elevados, localizados en las azoteas y cuando es para dotar de agua potable para una población, este tanque elevado es ubicado en terrenos elevados, considerando los niveles de los puntos más alejados del tanque.

Los taques elevados o reservorios elevados se pueden constituir de varias formas, el agua puede ser captada de pozos profundos y con tuberías de impulsión llevar el agua hacia la reserva alta, es importante considerar en este tipo de sistema, tanques elevados con bolla, esto servirá para que cuando el tanque este siendo llenado y llegue a su tope máximo la bomba se apague, esto por lo general viene configurado de manera automática.

Otra forma para llevar agua potable hacia el tanque elevado, es de manera directa, es decir desde la red municipal principal hacia el reservorio, dicha red municipal deberá contar con la presión necesaria para elevar el agua hacia el tanque elevado.

De cualquier forma, que se emplee la captación del agua y su almacenamiento en los tanques elevados, se debe de considerar un reservorio para casos de emergencia (se suspenda el servicio público), también debe tener en cuenta cuando se instalen los automáticos de la bolla, programar a que altura de agua deba prenderse o apagarse la bomba de impulsión.

Figura 29

Sistema de abastecimiento por gravedad

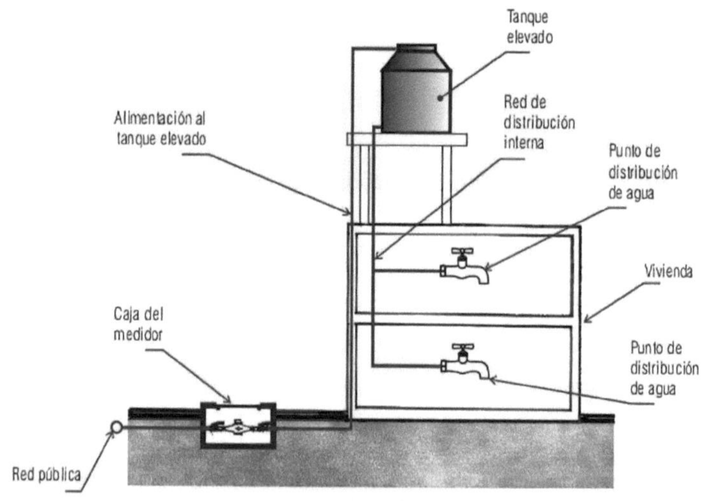

Nota. Es importante considerar la altura del tanque elevado para abastecer de agua al punto más lejano con la presión correcta, Imagen obtenida en https://issuu.com/rubengomezareiza/docs/final_revista_ruben_gomez_dibujo_de_instalaciones /s/11345370

3.1.3. Sistema de abastecimiento combinado

Se utiliza un sistema combinado cuando la presión de la red general de agua potable no es suficiente para llenar un tanque elevado, principalmente debido a las alturas de algunos edificios. En estos casos, es necesario construir cisternas o instalar tanques de almacenamiento en la parte baja de las construcciones.

El agua se eleva a un tanque elevado a partir de las cisternas o tanques de almacenamiento ubicados en la parte baja de las construcciones a través de un sistema auxiliar. Luego, el agua se distribuye por gravedad a diferentes niveles y muebles de manera particular o general según el tipo de instalación y servicio requerido.

Cuando el agua fría se distribuye por gravedad, el fondo del tanque debe elevarse como mínimo a 2.00 m sobre la salida más alta. Esta diferencia de altura produce una presión igual a 0.2 kg/cm2, la altura mínima necesaria para que los muebles de uso doméstico funcionen correctamente.

Figura 30

Sistema de abastecimiento de agua potable combinado

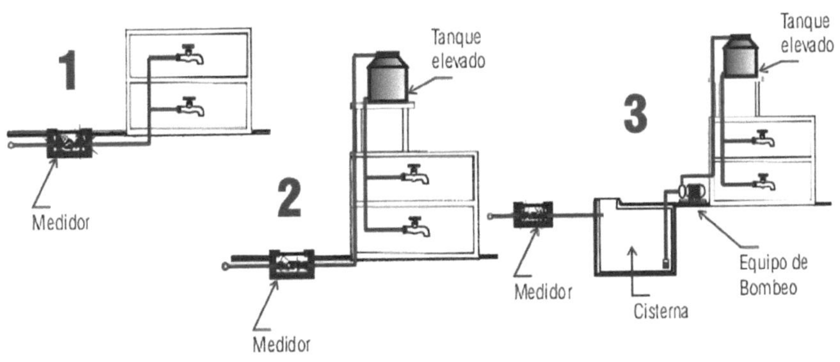

Nota. Se detallan los sistemas de abastecimiento combinado, Imagen obtenida en https://quizizz.com/admin/quiz/5f9d6c7e790212001bc61562/sistemas-de-abastecimiento-de-agua-potable

3.1.4. Sistema de abastecimiento por presión

Este sistema de abastecimiento es más detallado porque depende mucho de las características de las edificaciones, el tipo de servicio, el volumen de agua requerido, las presiones, la simultaneidad de servicios, el número de pisos y los muebles sanitarios., etc., puede ser resuelto mediante:

Figura 31

Equipo

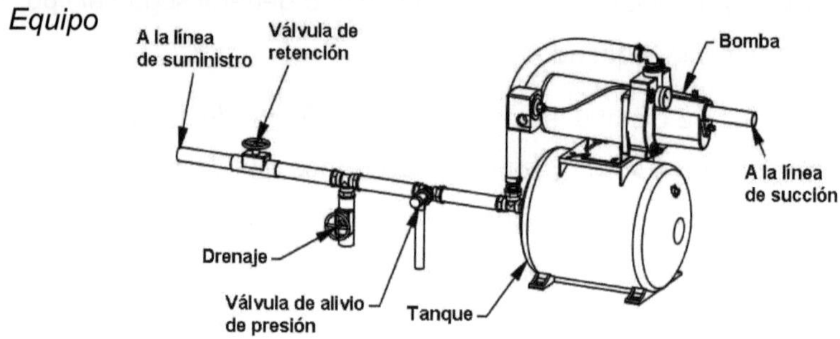

Nota. Son utilizados para dar presión en las redes de aapp, Imagen obtenida en

https://www.demaquinasyherramientas.com/herramientas-electricas-y-accesorios/sistemas-hidroneumaticos-como-funcionan

Figura 32

Equipo de bombeo programado

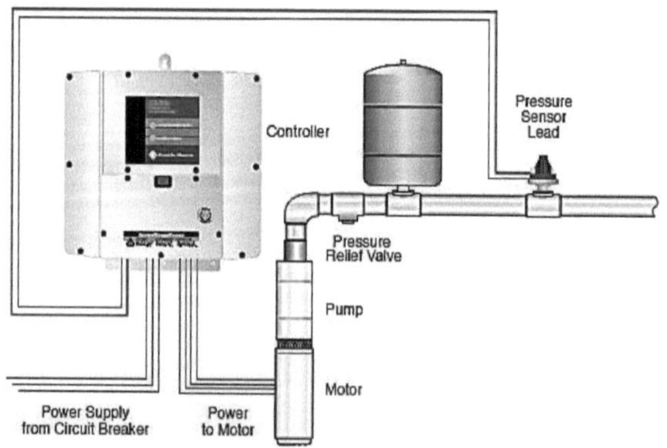

Nota. El tiempo y uso de programación de las bombas dependerá de la programación en el tablero, Imagen obtenida en https://hidroshop.mx/equipos-de-bombeo-de-velocidad-variable/

Cabe hacer notar que cuando las condiciones de los servicios, características, número y tipo de muebles instalados, son óptimas para el diseño planteado, es recomendable utilizar este tipo de sistema ya que cuenta con las siguientes ventajas.

   a. Continuidad del servicio.

   b. Seguridad de funcionamiento.

   c. Bajo costo.

   d. Mínimo mantenimiento.

Una desventaja que tiene el sistema de abastecimiento por gravedad, es que los últimos niveles la presión del agua es muy reducida y muy elevada en los niveles más bajos, principalmente en edificaciones de considerable altura.

Puede incrementarse la presión en los últimos niveles, si se aumenta la altura del tanque elevado, por eso es recomendable comprobar la altura del aparato sanitario más alejado del tanque, esto con el fin de diseñar la red de distribución acorde la necesidad de presión en ese punto.

3.1.4.1. Elementos que componen una instalación hidráulica

Los elementos que generalmente conforman una instalación hidráulica se presentan en las siguientes figuras:

Figura 33

Acometida de agua potable

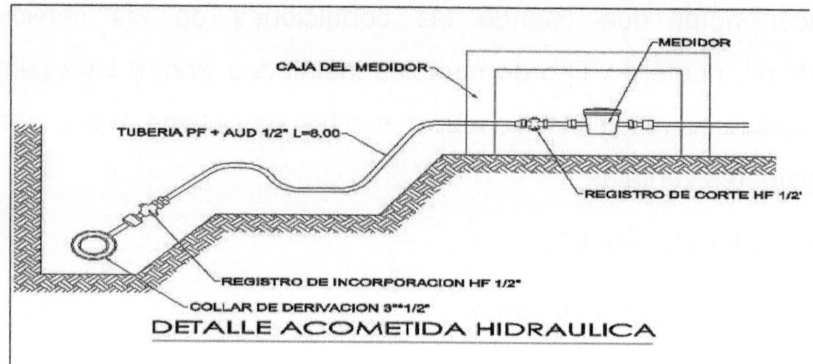

Nota. Imagen obtenida en https://www.bibliocad.com/es/biblioteca/acometida-hidraulica_51486/#google_vignette

Figura 34

Esquema isométrico de AAPP

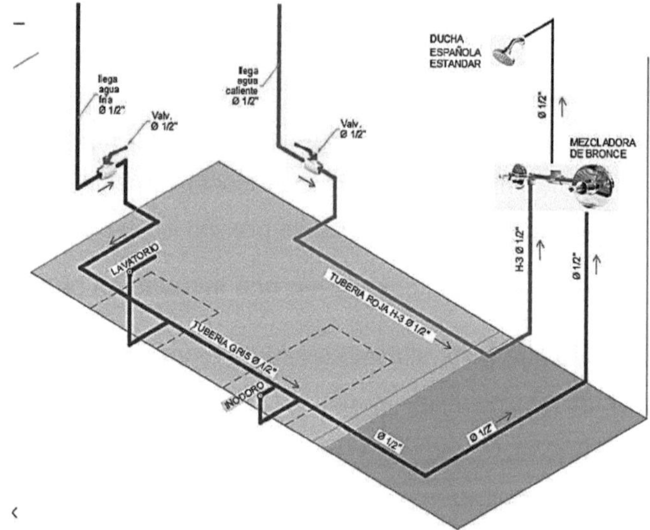

Nota. Imagen obtenida en https://co.pinterest.com/pin/pin-en-pelculas--637048309798892374/

3.1.5. Dotaciones de agua potable

La dotación de agua potable corresponde a la cantidad de líquido vital requirente para cada usuario, la dotación varia acorde a la necesidad del servicio y para qué va hacer utilizado. Se han establecido una serie de valores pre determinados para considerar la dotación de agua, esto puede cambiar debido a las necesidades de diseño.

Figura 35

Tabla de dotación de agua potable por áreas

Abastecimiento de agua para hotel					
item	descripcion	area	cantidad	dotacion l/d	total l/d
1	dormitorios				
1.1	primer piso				
	dormitorio simples	25	16	25	10000
	dormitorio doble	30	12	25	9000
1.2	segundo piso				
	dormitorio simples	25	16	25	10000
	dormitorio doble	30	12	25	9000
1.3	tercer piso				
	dormitorios dobles	30	13	25	9750
1.4	cuarto piso				
	dormitorios dobles	30	13	25	9750
1.5	quinto piso				
	dormitorios dobles	30	13	25	9750
1.6	sexto piso				
	dormitorios junior	40	20	25	20000
1.7	septimo piso				
	habitaciones junior	40	8	25	8000
	suite presidencial	150	2	25	7500
	sub total 1				102750
2	planta baja				
2.1	restaurante	100	2	40	8000
2.2	comedor de empleados	36	1	50	2000
2.3	lavanderia	-	100 kg	40	4000
2.4	almacen	30	1	0.5	15
2.5	recepcion	500	1	30	15000
2.6	centro nocturno	70	1	30	2100
2.7	oficinas	80	1	6	480
	sub total 2				31595

Nota. La dotación de agua potable varia acorde a las necesidades requeridas, Imagen obtenida en https://es.scribd.com/document/351826851/Calculo-de-La-Dotacion-de-Agua-Para-Hotel-de-7-Pisos

Figura 36

Dotación mínima de agua potable por persona

Viviendas de hasta 90 m2 construidos.	150 Lts.	/ persona / día
Viviendas de más 90 m2 construidos.	200 Lts.	/ persona / día
Albergues y Casas de Huéspedes.	300 Lts.	/ huésped / día
Hoteles y Moteles.	300 Lts.	/ huésped / día
Orfanatorios y Asilos.	300 Lts.	/ huésped / día
Campamentos para Remolques.	200 Lts.	/ persona / día
Baños Públicos.	300 Lts.	/ bañista / día
Atención Médica (usuarios externos).	12 Lts.	/ sitio / paciente
Servicios de Salud (usuarios internos).	800 Lts.	/ cama / día
Lavanderías.	40 Lts.	/ Kilo de ropa
Educación Preescolar.	20 Lts.	/ alumno / turno
Educación Básica y Media.	25 Lts.	/ alumno / turno
Educación Media y Superior.	25 Lts.	/ alumno / turno
Institutos de Investigación.	50 Lts.	/ alumno / turno
Ejército, Policía y Bomberos.	200 Lts.	/ persona / día
Centros de Readaptación Social.	200 Lts.	/ interno / día

Nota. La dotación de agua potable varia acorde a las necesidades requeridas, Imagen obtenida en https://rraae.cedia.edu.ec/Author/Home?author=Hidalgo+Carrasco%2C+Jaime+Rolando

Las cisternas o reserva baja, son estructuras que se construyen en el piso y pueden ser de hormigón armado o plásticas, la función que cumplen es de almacenar agua para poder suministrar de agua a la edificación, en el caso de que se presente algún problema fortuito.

Las cisternas de hormigón armado, cumplen una mejor funcionabilidad al momento del servicio, ya que las cisternas que son plásticas, al momento de ocurrir que el tanque se vacíe y no este presurizada la tubería, por ser plástico tienden a comprimirse.

Al momento de realizar una construcción de cualquier tipo de cisternas, se debe considerar lo siguiente:

- Se debe considerar un minino de 20cm de espesor en los muros de hormigón armado.
- No considerar más de 2m de altura de las cisternas, verificando

el suelo.

- Impermeabilizar ambas cara interna y externa de la estructura

- Reforzar la tapa

- Dejar ingreso de 0.7x0.7

- De ser el caso, al ingreso colocar escalones metálicos

La ubicación de la cisterna dentro del terreno se recomienda realizarse bajo las siguientesrecomendaciones:

- A 1m de distancia mínima del lindero más próximo al tamaño de la cisterna

- A 3m de las rejillas de desagüe o cajas de registro para aguas servidas

- A 3m de distancia a las tuberías bajante de aguas servidas

Ejemplo: Calcular la capacidad que debe tener la cisterna de una casa habitación que tiene3 recámaras.

Considerando una dotación para vivienda de interés social, de la Tabla 1 se toma una dotación de 200 litros/hab/día. El número total de personas se calcula como:

Núm. total personas = Núm. recámaras x 2 + 1 = 3 x 2 + 1 = 7

De manera que el volumen total requerido es:

Volumen requerido para la cisterna = Dotación total + reserva Dotación total = 7 x 200 = 1400 litros

Reserva = Dotación total = 1400 litros

Volumen requerido para la cisterna= 1400+1400 = 2800 litros= 2.8 m3

Aunque hay varios textos que piden consideras una reserva de 3 veces la dotación de agua necesaria para todos los habitantes de la vivienda.

Por lo que podríamos decir que dependiendo de las condiciones económicas de la construcción a realizar tranquilamente podemos determinar el volumen de la cisterna como 2 o 3 veces la dotación diaria de la vivienda.

4. Bibliografía

Ley N.º 650, Ley de recursos hídricos usos y aprovechamiento del agua (21 de agosto de 2015). https://www.ambiente.gob.ec/wp-content/uploads/downloads/2018/05/Reglamento-Ley-Recursos-Hidricos-Usos-y-Aprovechamiento-del-Agua.pdf

Secretaría del Agua. (2016). *Norma de diseño para sistemas de abastecimiento de agua potable, disposición de excretas y residuos líquidos en el área rural.* (Norma núm. CO 10.7 - 602). https://inmobiliariadja.wordpress.com/wp-content/uploads/2016/09/norma-co-10-7-602-area-rural.pdf

Subsecretaría de agua potable, saneamiento, riego y drenaje dirección de agua potable y saneamiento. (2024). *Manual del proceso de aprobación de términos de referencia y emisión de viabilidades técnicas para proyectos de agua potable y saneamiento.* https://www.ambiente.gob.ec/wp-content/uploads/downloads/2024/04/Manual-Proceso-APS.pdf

Subsecretaría de agua. (2016). *Normas para estudio y diseño de sistemas de agua potable y disposición de aguas residuales para poblaciones mayores a 1000 habitantes.* https://inmobiliariadja.wordpress.com/wp-content/uploads/2016/09/norma-co-10-7-602-poblacion-mayor-a-1000-habitantes.pdf

Blasco, Enrique. (2020). *Instalaciones sanitarias en edificaciones.* (2ª ed.). Colegio de Ingenieros del Perú, Lima. https://es.slideshare.net/slideshow/20200815-instalaciones-sanitarias-en-edificaciones-enrique-jimeno-blascopdf/251852826

Castillo, F. A. (2000). *Análisis y diseño de edificaciones de albañilería.* (2da ed.). Editorial San Marcos. https://es.scribd.com/document/385597567/Analisis-y-Diseno-de-Edificaciones-de-Albanileria-Flavio-Abanto-Castillo-Edicion-Actualizada

I want morebooks!

Buy your books fast and straightforward online - at one of world's fastest growing online book stores! Environmentally sound due to Print-on-Demand technologies.

Buy your books online at
www.morebooks.shop

¡Compre sus libros rápido y directo en internet, en una de las librerías en línea con mayor crecimiento en el mundo! Producción que protege el medio ambiente a través de las tecnologías de impresión bajo demanda.

Compre sus libros online en
www.morebooks.shop

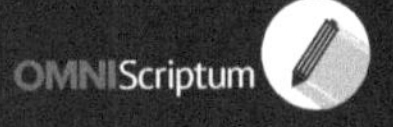

Printed by Books on Demand GmbH, Norderstedt / Germany